用STAUB鑄鐵鍋做冷甜點

香草冰淇淋、優格雪酪、卡士達布丁、黑櫻桃果凍……
發揮超強保冷性，發現鑄鐵鍋的新魅力！

柳瀨久美子 YANASE KUMIKO ————著　嚴可婷————訳

ストウブで冷たいお菓子

Sommaire

目次

Chapitre 01　　以鑄鐵鍋製作
　　　　　　　　冷甜點

Chapitre 02　　以鑄鐵鍋烹調
　　　　　　　　基本食材與甜點

Chapitre 03　以鑄鐵鍋當道具，
　　　　　　　享受製作冰涼甜點的樂趣

○　計量單位：1 大匙 =15㎖，1 小匙 =5㎖，1 杯 =200㎖。
○　食譜採用的爐具是瓦斯爐。
○　微波爐使用功率 600W 的機種。
○　食譜中的「鍋」，是指 Staub 鑄鐵鍋（PICO COCOTTE）。
○　用來盛熱水放入烤箱的水盤，採用不鏽鋼製品。
　　不用烤盤，因為盛熱水的容器需要深度（高度）。

Staub 鑄鐵鍋是由具有厚度的鑄鐵製成，

因此具有良好的保溫性、保冷性，

設計也很簡單、漂亮。

利用這種特性製作出的點心當然很好吃！

加熱後，素材的美味與香味完全封存在鍋中，

隨著漸漸冷卻，美味浸透入食材，

冷藏或冷凍製作出的點心，

完整地保存沁心的冰涼。

就像冰淇淋這類先經過調理再冷藏的甜點。

或是烤蘋果般簡單的點心。

甚至進階調製出冰涼的點心。

把 Staub 鑄鐵鍋當作冰甜點的食器，

直接端上餐桌就可以品嚐的點心……

正因為是 Staub 鑄鐵鍋，

所以能做出各種美味的冰甜點。

滋味與外觀都是極品！

在巴黎遇見 Staub 鑄鐵鍋

第一次看見 Staub 鑄鐵鍋已經是十幾年前的事情了，當時在巴黎的烹飪用品店。雖然看起來很小，但是沉甸甸的，顏色也很暗沉。我覺得這個迷你鍋既「可愛」又「樸拙」，真是件不可思議的物品。反正大一點的鑄鐵鍋很重，所以我買了兩個小的橢圓形燉鍋。這是我最早擁有的鑄鐵鍋（如下圖）。

越使用鑄鐵鍋越會著迷於它的實用性。平常用來作菜時，特別能感受到食材原本的鮮味。這一定是因為食材遇熱口感變得柔軟，而且受到保溫效果影響的緣故。鑄鐵鍋具有良好的保溫效果，表示也一定有優良的保冷效果。這麼說，用來製作點心一定有許多優點囉？基於這樣的出發點，我寫出這本專門為鑄鐵鍋構思的甜點食譜。

於是……並沒有辜負我的期望。製作的成果比預期還好吃，過程也相當輕鬆，連我自己都感到驚訝。不只是料理，鑄鐵鍋也經常運用在製作點心方面。這次蒐集的全都是「冰冰涼涼」又可口的點心。請各位一定要試試，用自己家的鑄鐵鍋做出冰涼的甜點。如果製作甜點的魅力能跟著 Staub 鍋一起推展開來，我想那是多麼愉快的事呀。

柳瀨久美子

Chapitre 01

以鑄鐵鍋做冷甜點

將鑄鐵鍋的保冷性發揮到極致，製作而成的甜點。經過冷凍或冷藏再吃，令人讚不絕口！從最基本的冰淇淋，到布丁、起司蛋糕、磅蛋糕……等，大人小孩都喜歡的冰涼點心即將陸續登場。

香草冰淇淋

調配好冰淇淋主要的成份後，待材料降溫，整鍋放入冰箱，凝固後以電動攪拌棒
反覆攪拌幾次之後，香草冰淇淋就完成了。

香蕉椰奶義式冰淇淋

香蕉用火烤過，感覺會比直接使用少去一股生澀的味道。完成後立即享用義式冰淇
淋，圓潤濃厚的美味會在口中擴散開來。擠一點萊姆汁，則是另一種清爽的滋味。

香草冰淇淋

材料 4 ～ 6 人分

蛋黃	2 顆
細砂糖	75g
牛奶	200㎖
鮮奶油	200㎖
香草莢	½ 根

事前準備

· 以刀子剖開香草莢，刮出香草籽。

作法

① 在攪拌盆裡放入蛋黃與細砂糖，以打蛋器徹底攪拌均勻，直到顏色逐漸變白為止。

② 把牛奶、鮮奶油、香草籽放入鍋裡，點火加熱，在沸騰前關火。

③ 將②的一半倒入①的攪拌盆裡，迅速地混合，再全部倒回②的鍋子裡。

④ 以小火加熱，同時用木鏟不停地攪拌，待整鍋材料變得濃稠時再關火。（大約是用木鏟撈取時，以手指碰觸會牽絲，而且會殘留的程度）。

⑤ 將鍋子放入裝了冰水的水盤，並且不時攪拌讓材料冷卻，然後放入冰箱。

⑥ 當奶醬從邊緣開始凝固，就以電動攪拌棒混合攪拌，拌入空氣，再度放入冷凍庫。

⑦ 將⑥的步驟重覆 3 ～ 4 次，待材料變得有點像凝固的奶昔，再放入冷凍庫 1 個小時以上。

香蕉椰奶義式冰淇淋

材料 4 ～ 6 人分

香蕉 ——————————————— 100g（約 1 根）
○ 建議挑選香蕉皮泛黑點、已經完全成熟的香蕉。

砂糖 Ⓐ ——————————————— 80g
○ 由精製過程的糖液熬煮而成。由於甘蔗含有礦物質，形成特殊的
　　風味與苦味。

椰奶 ——————————————— 100㎖
牛奶 ——————————————— 100㎖
鮮奶油 ——————————————— 50㎖
萊姆 ——————————————— 適量

作法

① 把香蕉放入鍋子裡，以叉子背面或其他工具稍微搗碎。加入砂糖後以中火熬煮，邊以木鏟之類的廚具攪拌，煮至小滾。

② 在①加入椰奶、牛奶、鮮奶油，邊以木鏟攪拌，加溫至快要沸騰前（約 80℃。鍋子內緣煮沸冒泡的程度），將鍋子從瓦斯爐上移下來。

③ 將鍋子放在盛了冰水的水盤中，適時地攪拌讓材料冷卻後，放入冷凍庫。

④ 當鍋緣附近的材料開始凝固，就以電動攪拌棒拌勻，將空氣拌入材料，再重新放入冷凍庫。重覆這個步驟 3 ～ 4 次，讓材料變成稍微凝固的奶昔狀。

⑤ 將冰淇淋盛在容器中，擺上切成小塊的萊姆，搭配萊姆汁亨用冰淇淋。

冰淇淋、義式冰淇淋、雪酪、冰沙的差別是什麼？

廣義來說，Ice cream（英文）＝ glace（法文）＝ gelato（義大利文）。而在日本，將
乳固形物佔 15% 以上（其中乳脂肪超過 8%）的產品稱為「冰淇淋」，乳固形物不到
3% 的製品分類為「冰菓」，sherbet（英文）＝ sorbet（法文）正屬於這一類。兩者
的特徵在於冰淇淋添加了蛋黃，呈現柔軟的奶油狀；而雪酪吃起來口感脆脆的。

Sorbet de yaourt au romarin

16cm 圓形鑄鐵鍋

迷迭香風味優格雪酪

迷迭香帶有令人心情愉快的清爽氣味。每到夏天，我就想製作這道自己非常喜愛的
迷迭香雪酪。它與後面介紹的烤鳳梨點心（P38 Ananas rôti）是絕佳搭配。

材料 4 ～ 6 人分

優酪乳	200g
新鮮迷迭香枝條	1 根
牛奶	200㎖
蜂蜜	85g
檸檬汁	½ 顆分
蘭姆酒	½ 大匙

作法

① 將大略切碎的迷迭香與牛奶放入鍋中，以中火加熱。一煮沸就關火，蓋上鍋蓋靜置
約 5 分鐘，讓迷迭香的氣味滲進牛奶。

② 撈出迷迭香，將整個鍋子放入盛了冰水的水盤，使牛奶降溫至手可以碰觸的溫度。
這時加入蜂蜜、檸檬汁、優酪乳、蘭姆酒，混合全部材料之後放入冷凍庫。

③ 當鍋緣附近的材料開始凝固，以電動攪拌棒混合整鍋材料，拌入空氣，再度放入冷
凍庫。重覆這個步驟 3 ～ 4 遍，讓材料變成略為凝固的奶昔狀。

卡士達布丁

以鑄鐵鍋製作的大型布丁，外觀令人印象深刻，做起來也很開心。

每次用湯匙舀下時，不自覺都會微笑。

橙色系水果夏日布丁

夏日布丁（Summer Pudding）是英國的傳統點心之一。通常使用紅色果實（莓果
類、櫻桃等），所以是鮮豔的紅色布丁；但這次使用橙色系的水果。同色調的水果
搭配在一起相當適合。

卡士達布丁

材料　1 個 16cm 圓形鑄鐵鍋的分量

[焦糖醬]

細砂糖	100g
水	2 大匙
熱水	50㎖

[蛋奶液（液態的材料）]

蛋	4 顆
細砂糖	40g
砂糖（參照 P11）	60g
牛奶	600㎖
香草莢	1 根

事前準備

· 以刀子將香草莢剖開，刮出香草籽。
· 將烤箱預熱至 150℃。

作法

[焦糖醬]

① 將水與細砂糖按照分量放入鍋中，以中火加熱，同時一邊輕輕攪拌。就算開始沸騰，也不要晃動鍋子，繼續煮。

② 當糖水從鍋緣開始泛咖啡色時，就搖晃鍋子，使糖水均勻變色（可使用耐熱的橡皮刮刀或木鏟等確認顏色）。

③ 形成適當的焦糖色後就關火，注入指定分量的熱水，用木鏟均勻調和。

④ 將鍋子放置在已盛水的水盤上，等待降溫。

[蛋奶液]

⑤ 在小鍋裡放入牛奶、香草莢、香草籽、細砂糖與砂糖，以中火加熱。砂糖完全溶解後，就將小鍋從瓦斯爐上移開（即使還沒沸騰也可以）。

⑥ 將蛋打入攪拌盆裡，以打蛋器徹底攪拌均勻（但不要打至起泡的程度）。

⑦ 在⑥加入⑤，將全體混合，利用篩網過濾，倒入步驟④鍋中的焦糖裡。

⑧ 將⑦放在盛了熱水的水盤中，放入 150℃的烤箱烤 45~50 分鐘。直接放在水盤上等餘熱散去後，再放入冰箱冷藏，徹底冷卻。

橙色系水果夏日布丁

材料　1 個 14cm圓形鑄鐵鍋的分量

[夏日布丁]

柳橙	1 個
葡萄柚（紅肉）	1 個
芒果	1 個

○ 柳橙（果肉）＋葡萄柚（果肉）＋芒果（果肉）
　＝550g。

香蕉	100g（約 1 根）
吉利丁片	12g
檸檬汁	1 顆分
細砂糖	70g
蘭姆酒	1½ 大匙
三明治用麵包片	7～8 片

[芒果醬汁（方便製作的分量）]

芒果	200g（約 1 個）
細砂糖	50g
檸檬汁	½ 顆分

事前準備

· 將柳橙與葡萄柚的皮完全削下，以刀切入
　薄皮之間取出果肉，大略切細（如果薄皮
　上有殘留的果肉，就用手將果汁擠出）。
· 將製作夏日布丁要用的芒果削皮，大致切
　成 1.5～2cm 的骰子形狀。
· 香蕉剝皮，切成與芒果同大小的塊狀。
· 以水浸泡吉利丁片。

作法

[夏日布丁]

① 在鍋裡放入柳橙、葡萄柚、芒果、檸檬汁、細砂糖，以中火
　加熱，煮沸後將浮沫撈起。

② 加入香蕉，再度煮沸時關火，放入吉利丁片利用餘溫溶化、
　混合。添加蘭姆酒後稍微攪拌，將材料移至攪拌盆中。

③ 將②的鍋子迅速洗淨，在內側緊密覆蓋保鮮膜。將麵包片鋪
　滿鍋底與側邊，不留空隙，倒入②材料 1/3 的量。鋪上剩餘
　麵包 1/3 的量，再倒入②剩餘材料一半的量，鋪上剩餘麵包
　一半的量，最後倒入所有②的材料，把剩下的麵包全蓋上
　去，表面覆蓋保鮮膜，在冰箱冷藏放置 6 小時到一個晚上，
　讓材料冷卻凝固。

[芒果醬汁]

④ 削去芒果皮，用電動攪拌棒將果肉打成果泥狀。

⑤ 在鍋子裡放入④與剩餘的材料，以中火加熱。沸騰後將浮沫
　撈起，一邊以木鏟攪拌煮2～3分鐘，將鍋子從瓦斯爐移開，
　讓餘熱消退。

[完成]

⑥ 將③從鑄鐵鍋取出，盛在容器中，用刷子在麵包表面充分地
　塗上芒果醬汁，使醬汁滲透。

⑦ 以柳橙、葡萄柚、芒果等水果，加上薄荷葉（都在材料分量
　之外）裝飾。

外交官布丁（Diplomate）是法國版的布丁。在焦糖醬汁裡添加香蕉與葡萄柚，試
著讓食材呈現不同的風味。除了布里歐許麵包之外，利用長棍麵包、手指餅乾等來
製作也可以。

香蕉葡萄柚法式外交官布丁

材料　1 個 16cm圓形鑄鐵鍋的分量

[法式烤布丁]

布里歐許麵包	3～4 個
香蕉	1 根
葡萄柚	1 個
細砂糖ⓐ	50g
柑曼怡香橙干邑甜酒	1 大匙

○　法國的苦橙烈酒。

牛奶	300㎖
鮮奶油	100㎖
細砂糖ⓑ	80g
香草莢	½ 根
蛋	3 顆
無鹽奶油（塗在鍋上）	20～30g

[安格拉斯醬（方便製作的分量）]

蛋黃	2 顆
細砂糖	40g
牛奶	240㎖
香草莢	½ 根
柑曼怡香橙干邑甜酒	1 大匙

事前準備

· 將布里歐許麵包切成一口大小，稍微烤一
下，靜置讓餘熱散去。

· 削除葡萄柚的皮，將刀鋒切入薄皮之間，
取出果肉。

· 將香蕉剝皮，切成 3～4cm 大小。

· 把奶油放在室溫下。

· 以刀子將香草莢剖開，刮出香草籽。

· 將烤箱預熱至 170℃。

作法

[法式烤布丁]

① 將細砂糖ⓐ放入鍋中，以中火加熱。當糖變成焦糖色，再添
加香蕉、葡萄柚，讓水分煮至蒸發，持續加熱到整體泛焦糖
色、變得濃稠為止。關火後，添加柑曼怡香橙干邑甜酒調合，
再倒入一個有深度的方盤中散熱。

② 將①使用的鍋子清洗乾淨，把殘留的水份擦乾，在內側塗上
一層稍厚的奶油。將一半的布里歐許麵包鋪上，放入①一半
分量的焦糖水果。

③ 在小鍋裡倒入牛奶、鮮奶油、香草籽、細砂糖ⓑ，以中火加
熱，等細砂糖完全融解後，將小鍋從瓦斯爐上移開（即使沒
沸騰也可以）。

④ 將蛋打在攪拌盆裡，用打蛋器徹底攪勻（但是不要到起泡的
程度）。加入③，混合均勻作成蛋奶液（液態的材料）。

⑤ 透過篩網，在②裡倒入一半的④，靜置 5～10 分鐘，讓布
里歐許麵包吸收蛋奶液。接著將剩餘的布里歐許和剩下的①
倒入，再透過篩網倒入剩下的④，讓布里歐許麵包靜置 10
分鐘，吸收蛋奶液。

⑥ 把裝著⑤的鑄鐵鍋放在盛了熱水的烤盤上，在 170℃的烤箱
烘烤大約 1 小時（過程中如果熱水不夠，就再添加）。取
出後待餘熱散去，放入冰箱冷藏，徹底冷卻。

[安格拉斯醬]

⑦ 在攪拌盆裡放入蛋黃與細砂糖，以打蛋器徹底拌勻，攪拌至
顏色變白為止。

⑧ 將牛奶與香草籽、香草莢放入小鍋，以中火加熱，在沸騰前
關火。

⑨ 在一半的⑧裡加入⑦，迅速地將全部材料混合，再倒回⑧的
鍋子裡。以小火加熱，同時用木鏟不停攪拌，加熱至整體變
得濃稠為止。透過篩網倒入攪拌盆裡，加入柑曼怡香橙干邑
甜酒混合，等餘熱散去後放入冰箱冷藏，徹底冷卻。

[完成]

⑩ 將⑥完成的法式烤布丁切塊裝盛在盤上，淋上安格拉斯醬一
起品嚐。

西班牙焦糖烤布丁

西班牙焦糖烤布丁可說是烤布蕾（Creme brûlée）的原形。將稍微烤過的蛋奶液
冷凍後，再使表面焦糖化，類似布丁冰淇淋。這道甜點的重點是必須帶有柳橙與肉
桂的香味。

材料　4～5 個 15cm 橢圓形鑄鐵鍋的分量

[蛋奶液（液態的材料）]

牛奶	200㎖
細砂糖	65g
肉桂棒	1 根
雞蛋	1 顆
蛋黃	3 顆
鮮奶油	150㎖
柳橙皮屑	1 顆分

[裝飾]

細蔗糖 Ⓐ	適量

○　cassonade（法文），以甘蔗為原料，未精製
　　的細蔗糖。

事前準備

· 將烤箱預熱至 150℃。

作法

[蛋奶液]

① 在小鍋裡放入牛奶、細砂糖、肉桂棒，點火加熱，沸騰後就從瓦斯爐上移開，讓餘熱散去。

② 將蛋與蛋黃放入攪拌盆裡，用打蛋器徹底攪拌均勻（但是不要到起泡的程度）。

③ 在②裡加入①混合，透過篩網倒入另一個攪拌盆裡。加入鮮奶油與柳橙皮屑後混合。

④ 將材料倒入迷你橢圓形鑄鐵鍋，排列在盛了熱水的烤盤上，以 150℃的烤箱烤約 20 分鐘。從烤箱取出後等餘熱散去，放入冷凍庫冷凍。

[完成]

⑤ 在④的表面鋪上細蔗糖，以瓦斯噴槍讓細蔗糖表面焦糖化 Ⓑ。

Flan aux amandes, abricots et marrons

杏桃栗子杏仁芙朗

從這道甜點，可嚐出香甜柔軟的糖漬栗子、酸味凝練的杏桃乾，兩種滋味形成對比。
柔軟散發著香氣的杏仁芙朗包含了整體的香味，融合為一。

材料　1 個 20㎝ 圓形鑄鐵烤盤的分量

杏桃乾	50g
糖漬栗子	70g
杏仁粉	50g
砂糖（參考 P11）	65g
雞蛋	2 顆
牛奶	200㎖
白蘭地	2 大匙

事前準備

· 將杏桃乾切半，澆上白蘭地，稍微靜置待
　杏桃乾軟化。
· 把糖漬栗子大略切成 4 等分。
· 在鑄鐵烤盤內側薄薄塗上奶油（不含鹽，
　在指定的材料以外）。
· 將烤箱預熱至 170℃。

作法

① 在攪拌盆裡放入杏仁粉與一半的砂糖，以打蛋器迅速地將全體混合。加入蛋，再攪拌融合（不要使麵糊起泡）。

② 將牛奶與剩下的砂糖放入小鍋中，以中火加熱，直到砂糖溶解為止（還沒沸騰也沒關係）。

③ 在①裡注入②，混合後倒入鑄鐵烤盤。將杏桃乾與糖漬栗子分佈其中，放入 170℃ 的烤箱烤 20～25 分鐘。從烤箱取出，待餘熱散去後放冰箱冷藏。

紐約起司蛋糕

起司蛋糕絕對要吃冰的！經過冷藏之後，我想遠比放在室溫下好吃。如果使用鑄鐵
鍋製作，由於和緩的熱度漸漸透入蛋糕，口感會變得柔和綿密。

瑞可塔莓果起司蛋糕

在瑞可塔起司中加入蛋白霜，口感輕爽的食材加入莓果類醬汁，一起烘焙。烤箱烘
烤之後，整鍋一起冷藏，吃起來會很美味。

紐約起司蛋糕

材料　1 個 16cm 圓形鑄鐵鍋的分量

[基底]

全麥餅乾	60g
無鹽奶油	30g

[起司蛋糕]

奶油起司	200g
細砂糖	80g
香草莢	½ 根
酸奶油	180g
雞蛋	1 顆
蛋黃	1 顆
檸檬汁	2 小匙
玉米粉	½ 大匙

事前準備

· 將烘焙紙裁成直徑 30cm 的圓形，從邊緣
　數處剪出縫隙，作成紙樣Ⓐ，鋪在鑄鐵鍋
　內側。
· 將奶油放在可微波的容器裡，以微波爐加
　熱 20 ～ 30 秒（融化奶油）。
· 把奶油起司放在室溫下。
· 以刀子剖開香草莢，刮出香草籽。
· 將烤箱預熱至 160℃。

作法

[基底]

① 將全麥餅乾裝入厚塑膠袋中，用擀麵棍之類的工具壓成粉
　狀。與融化的奶油混合，鋪在鑄鐵鍋底。

[起司蛋糕]

② 在攪拌盆裡放入奶油起司與細砂糖、香草籽，以橡皮刮刀攪
　拌成柔軟的奶油狀。

③ 在②裡加入酸奶油調和，依照順序加入蛋、蛋黃、檸檬汁、
　玉米粉，混合時注意不要讓材料出現粉塊。透過篩網，倒入
　①的鑄鐵鍋裡。

　‖ 一開始材料稍硬的時候以橡皮刮刀比較容易混合，等到材料變軟以
　‖ 後，使用打蛋器攪拌更適合。

④ 將③放在盛了熱水的烤盤上，以 160℃ 的烤箱烤大約 1 小
　時。從烤箱取出後，等餘熱散去Ⓑ，放入冰箱冷藏。

瑞可塔莓果起司蛋糕

材料　3 個 10cm圓形鑄鐵鍋的分量

[莓果醬汁]

喜歡的莓果（冷凍的也可以）	150g
紅糖 Ⓐ	45g
玉米粉 ⓐ	1 小匙
蘭姆酒	2 小匙

[起司蛋糕]

瑞可塔起司	150g
蜂蜜	20g
蛋黃	1 顆
柳橙皮屑	¼ 顆
柳橙汁	1 大匙
低筋麵粉	10g
玉米粉 ⓑ	10g
蛋白	1 顆
細砂糖	15g

事前準備

· 將玉米粉 ⓐ 溶入蘭姆酒。

· 低筋麵粉與玉米粉 ⓑ 混合一起攪拌。

· 小粒的莓果類保持原狀，像草莓等較大顆
　的果實，就切成跟其他莓果一樣大小。

· 將烤箱預熱至 170℃。

作法

[莓果醬汁]

① 在鑄鐵鍋（16cm）裡放入莓果與紅糖，迅速地混合，靜置
　在溫暖的地方，讓果汁滲出。

　　　譬如陽光照射的窗邊，或是有暖氣熱度的地方、正在炊煮的瓦斯爐旁
　　　等。

② 當鍋底累積了一層果汁，就以中火加熱。沸騰後撈去浮沫，
　繼續煮3～4分鐘。加入溶解後的玉米粉，將全部素材混合，
　開始變得濃稠就關火。均等分倒入 3 個鑄鐵鍋（10cm）裡，
　等餘熱散去。

[起司蛋糕]

③ 在攪拌盆裡放入瑞可塔起司與蜂蜜，以橡皮刮刀攪拌成柔軟
　的奶油狀。依序加入蛋黃與柳橙皮屑、柳橙汁、粉類，攪拌
　均勻注意不要形成粉塊。

④ 於另一個攪拌盆裡放入蛋白及細砂糖，以手提打蛋器打成蛋
　白霜（往上提起時，會拉出彎角的程度），加入③，迅速混
　合均勻。

⑤ 將④均等地倒入②的鍋中，以 170℃的烤箱烤 25 分鐘。從
　烤箱取出後，待餘熱散去，放入冰箱冷藏。

薰衣草蜜桃帕芙洛娃蛋糕

材料　1 個 20cm圓形鑄鐵鍋的分量　　　作法

[蛋白糖霜脆餅（方便製作的分量）]

蛋白	120g（約 3 顆分）
香草莢	½ 根
糖粉	105g
酒醋	1 小匙

A	玉米粉	25g
	細砂糖	15g
	薰衣草（花草茶用）	1 大匙

[優格打發鮮奶油]

| 鮮奶油 | 150㎖ |
| 希臘優格 | 50g |

○ 瀝水前需要 75 ～ 100g 的優格。

| 細砂糖 | 10g |

[香煎水蜜桃]

沙拉油	1 大匙
細蔗糖（參照 P21）	60g
紅肉水蜜桃（冷凍）Ⓐ	10 個

○ 紅肉水蜜桃（pêche de vigne）是法國里昂地方
的特產。這種水蜜桃很像洋李，有濃郁的酸味
與香味。在這道食譜中，採用切成 4 等分的冷
凍紅肉水蜜桃。

[完成]

| 開心果 | 30g |
| 杏仁 | 50g |

事前準備

· 以刀子剖開香草莢，刮出香草籽。

· 混合 A 的材料。

· 將烤箱預熱至 130℃。

· 把希臘優格放在鋪了紙巾的濾網上，靜置
　6 小時至一個晚上，瀝去水分。

· 將開心果與杏仁放入烤箱，以 160℃ 烘烤
　10 ～ 15 分鐘後，大略切碎。

· 把烘焙紙裁成直徑 30cm 的圓形，從邊緣
　數處剪出縫隙，製作 2 枚，重疊鋪在鑄鐵
　鍋的內側。

作法

[蛋白糖霜脆餅]

① 攪拌盆裡放入蛋白與香草籽攪拌，逐漸加入砂糖，同時以手
提打蛋器仔細混合，打成蛋白糖霜（濃稠厚重，帶有光澤的
狀態）。

② 在①裡加入酒醋，以橡皮刮刀迅速調勻，加入 A 輕輕混合。

③ 將②倒入鑄鐵鍋，在中間預留要放上奶油與填餡的空間。

④ 放進 130℃ 的烤箱烤約一小時。如果已經烤得酥脆，就從烤
箱取出，待餘熱散去。

[優格打發鮮奶油]

⑤ 將所有的材料放入攪拌盆，以手提打蛋器打至 8 分發的程
度（將打蛋器舉起時，鮮奶油會呈現前端微彎的角狀），先
將鮮奶油放入冰箱，要使用時再取出。

[煎紅肉水蜜桃]

⑥ 在鍋裡放入沙拉油與細蔗糖，以中火加熱，等鍋子溫熱後就
放入水蜜桃，讓水蜜桃沾滿沙拉油，轉大火使材料迅速融
合。

⑦ 當水蜜桃變得柔軟，果汁變得濃稠就可以關火，將鍋子移至
水盤上或其他容器散熱。

[完成]

⑧ 將⑤製作的優格打發鮮奶油從冰箱取出，以手提打蛋器打到
9 分發的程度（將打蛋器舉起時，鮮奶油會有堅挺的短角）。

⑨ 將⑦的水蜜桃（留下 1/3 裝飾用的量）與⑧的優格打發鮮奶
油迅速混合，加上堅果（留下少量裝飾用）輕輕地混合。

⑩ 將④的蛋白糖霜脆餅盛在容器中，拆下紙樣，中央的凹陷處
填入⑨。在周圍排列裝飾用的水蜜桃，表面撒上堅果點綴。

檸檬磅蛋糕

磅蛋糕有「基本中的基本」點心之稱。烤好後淋上充分的檸檬糖漿,滲入其中,這是我最近很喜歡的口味。冷藏過與放在室溫下的風味完全不同,可以細細品嚐。

反烤蘋果派

以鑄鐵鍋製作反烤蘋果派，讓我覺得很感動：「竟然這麼輕鬆就能做得很好！」。
由於慢慢地烘烤，能將蘋果的美味發揮到極致。蘋果可以選擇帶有酸味的紅玉蘋果
（Jonathan apple）或澳洲青蘋果（Granny Smith）。

Quatre-quarts au citron

檸檬磅蛋糕

材料　1 個 17cm 橢圓形鑄鐵鍋的分量

[糖漿與漬檸檬片]

檸檬 ———————————— 1 顆

檸檬汁 ———————— 1½ 顆搾出的量

○　檸檬原汁加水共 150㎖。

空的香草莢 ———————————— 1 條

○　利用製作磅蛋糕使用過的香草莢。

[檸檬磅蛋糕]

蛋 ———————————————— 2 顆

砂糖（參考第 11 頁） ———————— 120g

香草莢 ———————————————— 1 條

檸檬皮屑 ———————————————— 1 顆

低筋麵粉 ———————————————— 120g

泡打粉 ———————————————— ½ 小匙

鹽 ———————————— 略少於 ½ 小匙

無鹽奶油 ———————————————— 120g

事前準備

· 在鍋子裡鋪上裁切好的烘焙紙（參考
　P26）。

· 以刀子剖開香草莢，刮出香草籽。

· 將無鹽奶油放入調理盆中（直徑約 15 公
　分），隔水加熱融化奶油。

· 烤箱預熱至 160℃。

作法

[糖漿與漬檸檬片]

① 將檸檬切成 3 ～ 4 mm 厚的薄片。

② 把檸檬以外的其他材料放入小鍋，以中火加熱，沸騰約 30
　秒後加入①，在小鍋蓋上廚房紙巾避免水分蒸發，以小火煮
　10 分鐘。熄火後靜置冷卻。

[檸檬磅蛋糕]

③ 在調理盆裡放入蛋、砂糖、香草莢、檸檬皮屑，以打蛋器混
　合全部食材。直接點火加熱（或隔水加熱），同時不停地攪
　拌，一直加熱至 45 ～ 50℃為止。

④ 從瓦斯爐上取下後，以手提打蛋器攪拌，直到提起打蛋器
　時，表面會勾起如羽毛根般的濃稠度、溫度降到可用手觸碰
　為止。篩入低筋麵粉、泡打粉、鹽，用橡皮刮刀充分攪拌，
　直到材料看不出粉狀物。

⑤ 將④的 1/5 麵糊加入有融化奶油的調理盆，以打蛋器充分拌
　勻，直到材料呈現美乃滋狀的濃度。

　　若經過充分攪拌，但材料還是呈現分離狀態，那就再加一點麵糊繼續
　　攪拌。

⑥ 將⑤倒回④的調理盆裡，以橡皮刮刀輕輕拌勻後，把材料倒
　入鑄鐵鍋。放入 160℃的烤箱烘烤 15 分鐘。

⑦ 在⑥的表面鋪上檸檬片，繼續以 160℃烤 45 ～ 50 分鐘。

[完成]

⑧ 將②的糖漿煮沸，用刷子把熱糖漿塗在剛出爐的蛋糕上，使
　糖漿滲入其中。待磅蛋糕慢慢冷卻，蓋上鑄鐵鍋的鍋蓋，放
　入冰箱靜置一晚。

　　重點是趁蛋糕正熱時塗上糖漿，就算還沒真正塗完，磅蛋糕看起來已
　　經很濕潤，還是要繼續把所有糖漿塗上去。

反烤蘋果派

材料　1 個 18cm圓形鑄鐵鍋的分量

| 冷凍派皮 | ————————— | 約200g |

[餡料]

細砂糖a	—————————	100g
蘋果（紅玉）	———	1.2kg（約6 個）
無鹽奶油	—————————	50g
細砂糖b	—————————	150g

事前準備

· 將冷凍派皮放在室溫下解凍。
· 去除蘋果的皮與核，將果肉切成 4 ～ 6 等分的扇形。
· 將奶油放在室溫下。
· 烤箱預熱至 180℃。

作法

[餡料]

① 將細砂糖a放入鍋中，以中火熬煮。變成焦糖色後就關火，將鍋子放入水盤中，使溫度停止繼續上升（由於水分正快速蒸發，注意蒸氣並避免燙傷！）。繼續靜置，待焦糖冷卻凝固到像金平糖一樣為止。

② 將附著在鍋子內壁與鍋底的金平糖狀焦糖表面，厚厚地塗上奶油，再擺入一半的蘋果，毫無空隙地緊密填滿。接著把剩下奶油的一半分量與一半的細砂糖b鋪在上面，再將剩餘的蘋果排滿，最後加入剩下的奶油與細砂糖撒在上面（如果蘋果排得像小山一樣，也沒有關係）。放入 180℃的烤箱烤 1 小時 20 ～ 30 分。

③ 將鑄鐵鍋從烤箱中取出，如果鍋中的水分大多已經蒸發，就改以瓦斯爐小火熬煮，直到變為濃稠後從瓦斯爐取下靜置。

④ 將派皮放在料理台上，以擀麵棍擀至 3mm 厚，裁切成吻合鑄鐵鍋大小（直徑 18cm）的圓形。接著放在烤盤上，用叉子戳派皮表面，製造透氣的小孔。以同樣大小的平坦物體輕輕壓住（譬如點心的烤模），避免派皮浮起，放入 180℃的烤箱烤約 20 分鐘。

⑤ 把壓住派皮的物體取下，再度放入烤箱以 180℃烤 5 ～ 6 分鐘，烤至整體呈淺褐色為止。從烤箱取出後，待餘熱散去。

⑥ 將⑤壓在③的烤蘋果表面上 ，放入 180℃的烤箱烤約 10 分鐘。待鑄鐵鍋的餘熱散去，放入冰箱冷藏，使食材徹底冷卻變硬。當要從鑄鐵鍋取出派時之前，先以大火加熱 4 ～ 5 秒，稍微溫熱內壁與鍋底。

柳橙鑲水果

蓋上鍋蓋蒸煮水果，是 Staub 鑄鐵鍋的獨門秘技。能夠蒸煮出帶有果香味的水果
汁，味道就像桑格莉亞調酒。完成後先冷藏，最後再以新鮮水果裝飾。

材料　4 個柳橙杯的分量

[填料（水果餡）]

柳橙	1 個
草莓	4 顆
香蕉	½ 根
奇異果	½ 個
蘋果	¼ 個

[水果汁]

柳橙汁	1 顆
白酒	適量
○　與柳橙汁合起來約 100㎖。	
蜂蜜	1 大匙

[完成]

跟填料相同的幾種水果	各適量

作法

[水果填料]

① 在鋁箔環上放柳橙杯，盛入做為填料的水果。
② 把①排列在鑄鐵鍋中，讓柳橙杯的底部稍微浸在淺淺的水中
（約 100㎖），以中火加熱。

[水果汁]

③ 將水果汁的材料放入耐熱量杯之類的器皿中，以微波爐加熱
1 分～ 1 分 30 秒，趁熱等分注入②的柳橙杯。蓋上鑄鐵鍋
的鍋蓋，以中火加熱 7 ～ 10 分鐘蒸煮。
④ 把③從鍋中取出，待餘熱散去，放入冰箱冷藏，徹底冷卻。

[完成]

⑤ 盛在食器中，以裝飾的水果呈現出繽紛的樣貌。

事前準備

· 將 2 顆柳橙各切對半，擠出其中一顆的果
汁，並將剩下的果肉取出。另一顆則將果
肉切成容易入口的大小。柳橙果皮要作為
柳橙杯使用，所以內側的薄皮等要徹底清
除乾淨。
· 把草莓洗乾淨，除去蒂葉。剝去香蕉皮、
削掉奇異果與蘋果的外皮，將蘋果切成 4
等分，除去中間的果核。將這幾種水果分
別切成容易入口的大小。
· 用鋁箔紙作出 4 個直徑 4㎝ 左右的環。

Soupe de chocolat blanc et fruits rouges

白巧克力莓果冷湯

白巧克力熱可可加上莓果再蓋上鍋蓋。蒸煮的過程中，讓莓果的香氣與顏色滲入材
料中，做成美味的冷湯。保留新鮮滋味的藍莓風味極佳。

材料　3～4人分

[冷湯]

白巧克力	60g
牛奶	250ml
喜歡的莓果（冷凍的也可以）	100g

○　草莓、藍莓、覆盆子等。

[完成]

喜歡的莓果（新鮮）	適量

事前準備

· 將白巧克力細細地切碎。
· 小顆的莓果類維持原狀，草莓等較大顆的
　水果切成跟其他水果同樣的大小。

作法

[冷湯]

① 將牛奶倒入鍋子裡，以中火加熱，沸騰後關火。加入白巧克
　 力，以木鏟或其他廚具攪拌，利用餘熱讓白巧克力融化。加
　 入莓果，迅速混合，蓋上鍋蓋，慢慢地讓材料蒸熟，再靜置
　 冷卻。

② 待餘熱散去，將整個鍋子放入冰箱，徹底冷卻。

[完成]

③ 在盛入食器前，將全部食材徹底混合後再注入冷湯，添加新
　 鮮莓果。

　　放入冰箱冷藏後，由於脂肪量高的巧克力會凝固，所以要徹底攪拌均
　　勻。加入新鮮莓果增加口感，可以享受其中的差別。

Ananas rôti

烤鳳梨

rôti 在法文中是「烤」的意思。這道點心嘗試以焦糖慢慢烤鳳梨。請一定要試試，
品嚐沾滿焦糖的鳳梨搭配優格雪酪。

材料　4 人分

鳳梨	½ 個
細砂糖	50*g*
紅糖（參照 P27）	50*g*
水	2 大匙
無鹽奶油	40*g*
蘭姆酒	2 大匙
迷迭香風味的優格雪酪 （參照 P13）	適量
新鮮迷迭香	酌量

事前準備

· 將鳳梨縱切成 4 等分，去除鳳梨心與外皮。
· 製作迷迭香風味的優格雪酪（參照
　P13）。
· 將烤箱預熱至 150℃。

作法

① 將砂糖等所有糖類、指定分量的水放入鑄鐵鍋中，以中火加
　熱，待材料呈焦糖狀，加入奶油與蘭姆酒，攪拌均勻再加入
　鳳梨，使兩面都焦糖化。
② 鑄鐵鍋不需要加蓋，直接放入 150℃的烤箱烘烤 13 ～ 15 分
　鐘Ⓐ。
③ 將②的鳳梨移到烤盤中，待餘熱散去，把鍋子放入冰箱冷藏
　（因為鍋底還有剩餘的焦糖，可以當作醬汁，所以不要倒
　掉）。
④ 把鳳梨盛在食器上，搭配迷迭香風味的優格雪酪。如果有的
　話，再用新鮮迷迭香裝飾，並添加③的焦糖醬汁。

‖ 焦糖醬汁完成後再經過冷卻，其中的奶油會凝固。使用前要在室溫下
‖ 充分攪拌，使醬汁乳化。

堅固又耐用

由於是以有厚度的鑄鐵製成，厚重又堅固。加上鍋子的外側與內側鍍上 3 層薄薄的釉料（琺瑯），所以特別耐用。而且琺瑯的主要原料是玻璃，所以不會沾染食材的氣味。

保溫性、保冷性優異

在鑄鐵鍋內側加工的黑色霧面琺瑯，用手觸摸感覺有點粗糙。藉由凹凸增加表面積，讓油脂能均勻散布，使食物不容易燒焦。而且有厚度的鑄鐵富有保溫性、保冷性，能夠讓熱的食物保溫、冷的食物保冷。

鎖住食材的美味

秘密在於鍋蓋上附著的小小突起「原味釘點（Pico）」。鍋子加熱時，含有食材鮮味的水分化為水蒸氣，凝聚在原味釘點化為水滴，滑落在食材上。藉由烹煮時在鍋內反覆這個過程，食材會變得更美味、柔軟。

〈Staub 鑄鐵鍋的 5 項魅力〉

本書介紹如何用 Staub 鑄鐵鍋做冷點心，但這究竟是什麼樣的鍋子呢？在這裡要介紹它的 5 項魅力。

種類豐富且設計簡單

鑄鐵鍋大致上分為圓形與橢圓形，尺寸從 10cm 左右到 27cm 都有，品項豐富。可以根據家中人數或烹調的料理選擇。顏色除了基本的黑色、灰色、芥末黃，也有新色陸續登場。而且外形美觀，光是擺在廚房就很吸引人。

〈staub 鑄鐵鍋的保養方法〉

在使用過鑄鐵鍋後，請用海棉清洗，注意不要損傷到表面（嚴禁使用金屬製的鋼刷或研磨劑、漂白劑）。洗淨後，以乾的擦碗巾徹底擦拭水分，尤其是沒有鍍上琺瑯的地方，如果殘留水分很容易生鏽，要特別注意。

適用各種加熱方式

Staub 的鍋子（鑄鐵製）除了不能放進微波爐，可適用於瓦斯爐、電磁爐、烤箱、電烤盤等各種熱源。尤其因為蓋子及把手的部分全是金屬製，可以把整個鍋子放進烤箱，這是一大魅力（加熱至 300℃ 都沒問題）。在這種情形，由於整個鍋子都很燙，請務必使用隔熱手套。

Chapitre 02

以鑄鐵鍋烹調
基本食材與甜點

如果用 Staub 烹調蘋果、南瓜、甘薯等食物，食材的美味會凝聚其中，直接享用就很美味。本章將介紹可做為基本食材的簡單點心，與運用到這類食材的冰甜點。

Pommes au four à l'orange cardamome

烤蘋果

不論趁熱享用，或是稍微冷卻後品嘗都很美味。最近我偏好將柳橙切成薄片，墊在蘋果下製作烤蘋果。當然，也可以品嚐墊在底下的柳橙片。

材料 2 人分

蘋果	2 顆
柳橙	1 顆
小荳蔻	4 粒
無鹽奶油	25g
砂糖（參照 P11）	2 大匙

事前準備

· 將蘋果洗乾淨，以竹籤在表面數個地方戳洞，用蘋果去核器有鋸齒邊緣的部份插入蘋果後轉動，去除蘋果核 A。
· 切出 2 枚 7 ～ 8mm 厚的柳橙片，再將剩下的柳橙搾成果汁。
· 把小荳蔻對切一半。

作法

① 鑄鐵鍋裡鋪上柳橙薄片，將蘋果放在上面，在挖空的蘋果心部分依序填入一半的小荳蔻、搗散的無鹽奶油、砂糖，另一顆蘋果也同樣依序填入。
② 將柳橙汁加入①的鑄鐵鍋裡 B，蓋上鍋蓋，以小火加熱 30 ～ 35 分鐘。待蘋果核的部分變軟，就完成了。

17cm 橢圓形與10cm 圓形鑄鐵鍋

Glace pommes au four

烤蘋果冰淇淋

採用新鮮蘋果，會做出帶有特殊風味的冰淇淋。嚐起來冰冰涼涼，相當療癒……就是帶有這種滋味的濃郁冰淇淋。

材料　4 ～ 5 個 10cm 圓形鑄鐵鍋的分量

烤蘋果（參照 P42）
――――――――― 製作全部的量（約 200*g*）
鮮奶油 ――――――――――――――――― 約 200㎖
○　跟烤蘋果加來約 400g。

A	蛋黃 ――――――――――――― 2 顆
	砂糖（參照 P11）―――――――― 70*g*
	肉桂粉 ――――――――――――― ¼ 小匙
	小荳蔻粉 ――――――――――― ½ 小匙

作法

① 在烤蘋果的鑄鐵鍋裡（參照 P42）倒入鮮奶油，邊加熱邊以木鏟攪拌，直到即將沸騰前關火。

② 取出荳蔻，以手提打蛋器混合蘋果、柳橙、鮮奶油。

③ 將 A 的材料放入攪拌盆裡，以打蛋器攪拌至顏色變白。加入少量②混合，再全部放回②的鑄鐵鍋裡。

④ 以小火加熱，一邊不停以木鏟攪拌，持續至接近鑄鐵鍋內壁的材料開始沸騰，材料變得濃稠為止。

　‖　由於原本就是濃稠的液體，很難辨別稠度，所以將靠近鍋壁的材料開始沸騰做為判斷標準。

⑤ 將鑄鐵鍋放入盛了冰水的水盤 ，不時地攪拌讓材料冷卻，再放入冷凍庫。

⑥ 當靠近鍋緣的部份開始凝固，再以手提打蛋器混合全部食材，拌入空氣，再度放入冷凍庫。

　‖　這時如果攪拌過度，材料就會溶化，無法飽含空氣，所以動作要迅速。如果製作時空溫偏高，就要把鑄鐵鍋放在盛了冰水的水盤，邊冷卻邊進行攪拌。

⑦ 將⑥的步驟重覆 3 ～ 4 遍之後，待材料變成柔滑的冰淇淋狀，就裝進小鑄鐵鍋（10cm 圓形），放入冷凍庫 1 小時以上，徹底冷凍。

　‖　在這裡分裝成 1 人分冷凍，若直接將橢圓形的鑄鐵鍋冷凍也可以。

Potiron aux épices

香料蒸烤南瓜

剛出爐的南瓜熱騰騰軟綿綿。撒上岩鹽、起司，嚐起來更美味。或是撒上日本和三盆糖，就會變成一道上等的茶點。

材料　完成後約 400g

南瓜	約 400g
黑胡椒	5～6 粒
肉桂棒	1 根
八角	1 個
丁香	2～3 個
切成薄片的生薑	2 片
水	1 大匙

事前準備

· 將南瓜的種子與牽連的纖維去除，切成
　適當大小。
· 烤箱預熱至 180℃。

作法

① 將南瓜皮朝下放入鑄鐵鍋，放入全部
　的其他材料，蓋上鍋蓋。
② 放入 180℃的烤箱烤 30 ～ 40 分鐘，
　如果竹籤能輕易穿透南瓜，就表示已
　經完成了。

Potiron en "SHIRATAMA" dans la soupe du lait

南瓜白玉糰子牛奶湯

這是道帶點亞洲風的點心。肉桂的香氣滲入牛奶，搭配南瓜與白玉糰子、南瓜籽的組合，不僅美味，顏色的對比也很可愛，討人喜歡。

材料 2～3人分

[南瓜白玉糰子（10～12 個分）]

白玉粉	50g
香料蒸烤南瓜（參照 P44）	
	45g（不含皮）
水	約 1 大匙（酌量使用）

[牛奶湯]

牛奶	200㎖
肉桂棒	1 根
煉乳	50g
肉桂粉	適量
南瓜籽	適量

事前準備

· 製作香料蒸烤南瓜（參照 P44）。削去南瓜皮，趁熱用叉子背面把南瓜壓成泥。

· 將肉桂棒浸在牛奶裡，放入冰箱冷藏一晚，讓香味滲入。

作法

[南瓜白玉糰子]

① 將白玉粉放入攪拌盆裡，適當地加入壓碎的南瓜與指定分量的水，用手指將白玉粉壓碎，並揉成團。

‖ 若沒有辦法好好揉成團時，再稍微加點水調整。

② 把充分的水裝入小鍋裡煮沸，將①揉圓成糰子狀放入。待白玉糰子煮到浮起，再續煮約 1 分鐘，放入冷水中冷卻。

[牛奶湯]

③ 將浸在牛奶裡的肉桂棒撈起，加入煉乳攪拌混合，跟②一起盛在食器中。撒上肉桂粉與南瓜籽。

Crème caramel au potiron

南瓜布丁

以 Staub 鑄鐵鍋蒸烤食材，味道會凝縮其中，美味倍增。由於使用帶有香料氣味
的南瓜泥，所以不必再添加香料。是道口感柔軟、滋味豐富的布丁。

材料　1 個 17cm 橢圓形鑄鐵鍋的分量

[焦糖醬]

細砂糖	80g
水	1½ 大匙
熱水	40㎖

[布丁]

香料蒸烤南瓜（參照 P44）250g（不含皮）	
紅糖	30g
細砂糖	20g
玉米粉	1 小匙
蘭姆酒	1 大匙
蛋	1 顆
蛋黃	2 顆
牛奶	200㎖
鮮奶油	50㎖

事前準備

· 製作香料蒸烤南瓜（參照 P44）。削去南
　瓜皮，趁熱用篩網過濾，準備南瓜泥約
　250g。
· 在攪拌盆裡放入蛋與蛋黃，打成蛋液。
· 將烤箱預熱至 160℃。

作法

[焦糖醬]

① 在鍋裡放入指定分量的水與細砂糖，攪拌均勻，以中火加
　熱。即使煮滾後，也不要搖晃鍋子，繼續熱煮。
② 當鍋壁內側開始泛褐色，搖晃鍋子讓焦糖均勻上色（可以用
　橡皮刮刀或木鏟確認顏色）。
③ 如果糖水變成適當的焦糖色就關火，注入指定分量的熱水，
　用木鏟均勻攪拌。
④ 將鑄鐵鍋放入盛水的水盤，待餘熱散去。

[布丁]

⑤ 把南瓜放入大攪拌盆裡，加入紅糖與細砂糖，用打蛋器充分
　攪拌。
⑥ 在⑤的材料裡依序加入玉米粉、蘭姆酒、蛋液、牛奶、鮮奶
　油，用打蛋器充分攪拌，透過篩網倒入④的鍋子裡，放入盛
　了熱水的水盤中，以 160℃的烤箱烤 40 ～ 45 分鐘。
⑦ 將鑄鐵鍋從烤箱取出來後，擺在裝了冷水的水盤中，待餘熱
　散去，再放入冰箱冷藏，徹底冷卻。

Patates douces à la vanille

香草風味烤甜薯

只有用鑄鐵鍋才能作出的熱騰騰烤甜薯。香草的風味滲入蕃薯中，雖然只是烤甜薯，但是味道更勝一籌。也可以搭配奶油或楓糖漿、卡蒙貝爾起司、蜂蜜與黑胡椒等食用。

材料　番薯2條分

番薯 ————————	400g（約2條）
水 ————————————	2大匙
空的香草莢（香草籽已使用）	
————————————	2～3根

事前準備

· 將烘焙紙鋪在鑄鐵鍋裡。
· 把地瓜用水洗乾淨，去除泥巴。

作法

① 不必瀝去地瓜的水份，直接放入鑄鐵鍋裡（長型的地瓜要切成適當大小）。將香草莢放在上面，澆上指定分量的水，蓋上鍋蓋，以中火加熱。

② 如果鍋子整體已經變得溫熱，就轉為小火。10分鐘後翻轉地瓜的方向，繼續蒸烤地瓜30～35分鐘，直到竹籤容易戳透為止。

Arrangement

23cm 橢圓形鑄鐵鍋

Galettes de patate douce

甜薯餅

將浸了蘭姆酒的甜薯用切模壓出型狀，作成酥餅。只要稍微改變外表，原本樸素的點心看起來不就像漂亮的甜點嗎？這樣的成品，當伴手禮也很合適。

材料 13～14 個直徑 5.5cm 菊型切模的分量

烤甜薯（參照 P48）

―――――――― 製作全部的量（約 400g）

砂糖（參照 P11）	60g
無鹽奶油	15g
鮮奶油	50mℓ
蛋黃ⓐ	1 顆
蘭姆酒	2 小匙
蛋黃ⓑ	1 顆
蜂蜜	1 小匙

事前準備

· 將奶油放在室溫下。
· 在烤盤上鋪烘焙紙。
· 烤箱預熱至 180℃。

作法

① 地瓜趁熱剝皮，放入鑄鐵鍋內，用叉子背面或其他廚具大略搗碎。

② 加入砂糖與奶油，以木鏟攪拌，再依序加入鮮奶油、蛋黃ⓐ、蘭姆酒，適度地攪拌。

③ 以中火加熱鑄鐵鍋，同時用木鏟不停地攪拌，讓水分從濃稠的材料蒸發，整體開始凝固為止。

④ 將鑄鐵鍋從瓦斯爐上取下，覆上保鮮膜，待餘熱散去。取出材料，上下墊著保鮮膜，以擀麵棍擀成 1.5cm 的厚度，用直徑 5.5cm 的菊型切模壓出形狀。壓完形狀後，將剩下的材料重新擀在一起，同樣用切模壓出形狀。

‖ 如果難以用切模壓出輪廓，就將材料放入冰箱冷藏後再試。

⑤ 把壓出形狀的材料排列在烤盤上，將蛋黃ⓑ與蜂蜜調勻，塗在表面，放入 180℃ 的烤箱烤 10～15 分鐘，當表面的蛋液變乾，呈現漂亮的金黃色與光澤，就可以從烤箱取出。待餘熱散去，就放入冰箱冷藏，徹底冷卻。

Mont-blanc à la crème de patate douce

薄荷香烤蕃薯蒙布朗

在品嚐的瞬間，蛋白糖霜入口即化的口感，令人愉悅。隱約散發著薄荷清爽的香氣。
蛋白糖霜容易受濕氣影響，完成後請在當日食用。

材料　12 個分

[薄荷風味的蛋白糖霜（方便製作的分量）]

蛋白 ————————————	2 顆
糖粉 ————————————	80g
薄荷葉 ————————————	約 20 片

[內餡]

鮮奶油 ————————————	200㎖
上白糖 ————————————	10g

[甜薯泥]

甜薯泥（參照 P49）
——————— 製作 12 個的量（約 500g）
鮮奶油 ———————————— 50㎖

[完成]

薄荷葉 ———————————— 適量

事前準備

· 製作甜薯泥（參考 P49 的作法①～③）。
· 將製作蛋白糖霜用的薄荷洗乾淨，濾去水
　分後切細。
· 在烤盤鋪上烘焙紙。
· 將烤箱預熱至 130℃。

作法

[薄荷風味的蛋白糖霜]

① 在攪拌盆裡放入蛋白，同時漸漸加入少量的糖粉，用手提打蛋器徹底攪拌，打成蛋白糖霜（將打蛋器往上提時，會拉起尖角的程度）。加入切細的薄荷，用橡皮刮刀迅速地拌勻。

② 把擠花嘴（直徑 1cm ）裝好，將①進擠花袋，在烤盤上擠出 12 個 4 ～ 5cm 的圓形。

③ 利用濾茶網將糖粉（在指定分量之外）撒在麵糊表面，稍微靜置，待糖粉已附著在材料上，放進烤箱前，再撒一次糖粉，直到表面變成白色為止。放入烤箱以 130℃烤 40 分鐘～ 1 小時，直接把整個烤盤拿出來散熱。

[內餡]

④ 在攪拌盆裡放入材料，以打蛋器打到 8 分發的程度（將打蛋器舉起時，拉起的角會有點微彎），先放入冰箱，等使用前再取出。

[甜薯泥]

⑤ 將甜薯趁熱用篩網過濾，待餘熱散去。

⑥ 在⑤完成的甜薯泥中，漸漸加入少量鮮奶油，讓材料軟化，將甜薯泥裝入擠花袋，搭配製作蒙布朗用的擠花嘴。

[完成]

⑦ 將④從冰箱取出，再用打蛋器打至 9 分發的程度（將打蛋器往上提的時候，會拉起尖挺的短角）。將打發鮮奶油填入擠花袋，使用圓口擠花嘴（直徑 1cm ），擠在③的蛋白糖霜上。

⑧ 以擠花袋擠出⑥的甜薯泥，覆蓋在⑦的鮮奶油上，最後以薄荷裝飾。

Cerises noirs rôti avec le parfum citronnelle

18cm 圓形鑄鐵鍋

香茅風味烤黑櫻桃

我曾經用自己很喜歡的黑櫻桃試做過很多種點心，其中這道是相當受歡迎的成功之
作！在黑櫻桃上市的季節，我經常製作。重點是不要把櫻桃烤得太熟。

材料　5～6人分

[烤黑櫻桃]

黑櫻桃	30 顆
細砂糖	40g
DITA 荔枝香甜酒 Ⓐ	2 大匙

○　法國生產的荔枝調酒。

香茅（莖）Ⓑ	1～2 根
空的香草莢（香草籽已使用）	
	1 根

[醬汁]

烤黑櫻桃的湯汁	全部
蜂蜜	40g
波特酒（紅・甜味）Ⓒ	100㎖

○　又稱作波爾圖酒。葡萄牙波爾圖地方釀造的紅
　　酒，甜味與香氣都很濃厚。

事前準備

・把黑櫻桃的梗去除，為了讓味道容易滲入，在櫻桃表面劃上十
　字刀痕。
・將香茅與香草莢大致切碎。
・烤箱預熱至 180℃。

作法

[烤黑櫻桃與醬汁]

① 　將細砂糖與 DITA 荔枝香甜酒放入鑄鐵鍋中，以中火加熱，
　　等材料變成糖漿狀，再加入黑櫻桃，混合均勻。再放入香茅
　　與香草莢，迅速地混合。

② 　將鑄鐵鍋蓋上鍋蓋，放入 180℃的烤箱烤 5～6 分鐘（期間
　　再攪拌全部材料 1～2 次），取出黑櫻桃。

③ 　在②鍋子裡加入蜂蜜與波特酒，再次以中火加熱。煮沸後再
　　煮 1～2 分鐘，接著用篩網過濾湯汁。待湯汁與稍早撈出
　　的黑櫻桃都放涼後，放入冰箱冷藏，徹底冷卻。

Gelée aux cerises noirs rôti

黑櫻桃果凍

在漂亮的顏色中若隱若現的櫻桃。從小時候起，我就覺得果凍看起來像寶石，一直都很喜歡。這道食譜添加了玫瑰香氣，是屬於大人味道的水果凍。

材料 5 個玻璃杯分

烤黑櫻桃（參照 P53）	10 顆
烤黑櫻桃的湯汁	完成後全部的量
檸檬汁	2 小匙
細砂糖	10g
玫瑰花瓣（花草茶用）	1 大匙
吉利丁片	7g
黑櫻桃（裝飾用）	5 顆

事前準備

· 製作烤黑櫻桃（參照 P53）。
· 以水浸泡吉利丁片。

作法

① 將烤黑櫻桃的全部湯汁加入水，總量約 400㎖，倒入小鍋。加入檸檬汁與細砂糖，以中火加熱，沸騰後關火。放入玫瑰花瓣，蓋上鍋蓋燜 2 ～ 3 分鐘。

② 加入吉利丁片，利用餘熱讓吉利丁片溶化，攪拌後透過篩網倒入攪拌盆中。

③ 將②的攪拌盆放入盛了冰水的攪拌盆，一邊攪拌使果凍液冷卻。攪拌直到變得濃稠，再倒入玻璃杯中。當果凍漸漸開始凝固，加入黑櫻桃。完全凝固後，擺上裝飾用的黑櫻桃。

Clafoutis aux cerises noirs rôti

烤櫻桃克拉芙緹

法國利木森地區（Limousin）以利摩日（Limoges）瓷器聞名，克拉芙緹是當地的
傳統點心。彷彿像烤得厚厚的可麗餅般的質地，吸收了烤櫻桃的香氣，口感柔和又
膨鬆。

材料 3 個 12cm 迷你圓形鑄鐵鍋的分量

[蛋奶液（液狀的材料）]

蛋	1 顆
蛋黃	1 顆
上白糖	45g
低筋麵粉	30g
牛奶	100㎖
鮮奶油	100㎖
DITA 荔枝香甜酒（參照 P53）	2 大匙

[完成]

烤黑櫻桃（參照 P53）	12 顆
烤黑櫻桃的湯汁	適量

作法

[蛋奶液]

① 在攪拌盆裡放入蛋、蛋黃與上白糖，以打蛋器混合。篩入低筋麵粉，用橡皮刮刀攪拌，直到看不出粉狀物為止。

② 在小鍋裡倒入牛奶與鮮奶油，以中火加熱，煮至鍋壁的液體冒泡（約80℃左右），就從瓦斯爐取下，逐漸倒入①的攪拌盆裡混合。用篩網過濾後，加入 DITA 荔枝香甜酒。

[完成]

③ 在迷你圓形鑄鐵鍋裡等分倒入②，分佈擺上烤黑櫻桃。放入180℃的烤箱烤 15 ～ 20 分鐘。

④ 餘熱散去後放入冰箱冷藏。享用前淋上烤黑櫻桃的湯汁。

事前準備

· 製作烤黑櫻桃（參照 P53）。
· 在迷你圓形鑄鐵鍋內壁薄薄地塗上一層無鹽奶油（在指定材料之外）。
· 烤箱預熱至 180℃。

Confiture de fraise

草莓果醬

Staub 鑄鐵鍋會平均導熱，不必擔心煮焦，所以很適合製作果醬。秘訣是不要轉小火。如果以適中程度的火力快速煮好，果醬就不會帶有砂糖的味道，也能封存水果濃縮的滋味。

材料　全部共 550 ～ 600g

草莓 ————————	約 600g（2 盒）
細砂糖 ————————	300g
檸檬汁 ————————	½ 顆分

事前準備

· 草莓洗淨後去除蒂葉，如果是較大顆的草莓，就切成 2 ～ 4 等分。

作法

① 將所有的材料放入鑄鐵鍋混合。放置在溫暖的地方 30 分～ 2 小時，讓草莓出水。
　　 放在有陽光照射的窗邊，或是有暖氣熱度的地方、正在炊煮的瓦斯爐旁等處。

② 如果草莓出水就以大火加熱，不時地攪拌，直到煮沸，撈掉浮沫。

③ 將火力控制在不會讓材料溢出的程度，持續保持沸騰，煮 10 ～ 12 分鐘，直到整鍋材料變得濃稠為止。

④ 若出水的狀況達到讓草莓浸在裡面的程度，就將鍋子從火源移開，趁熱將果醬裝進以熱水消毒過的瓶中保存。
　　 放冰箱冷藏的保存期限大約是 3 個月。

Crème glacée à la fraise

草莓冰淇淋

如果用一個鍋子可以作出兩種點心，那不是很令人開心嗎？我個人覺得非常值得。
口感輕柔又美味的草莓冰淇淋，是不論大人、小孩都喜歡的滋味。

材料　4～5人分

草莓果醬（參照 P58）
　　　　　　完成後 ¼ 的量（約 150*g*）
牛奶 ———————————— 300㎖
鮮奶油 ——————————— 100㎖
細砂糖 ————————————— 50*g*
草莓利口酒 ——————————— 1 大匙

事前準備

· 製作草莓果醬（參照 P58）。

作法

① 在鍋裡放入草莓果醬與其他所有材料，以中火加熱，直到快
　要沸騰前關火。

② 將鑄鐵鍋放入盛了冰水的水盤中，不時地攪拌冷卻，放入冷
　凍庫。當邊緣的部分開始凝固，就用電動攪拌器混合整鍋材
　料，拌入空氣，然後再放入冷凍庫。重覆這個步驟 3～4 次，
　讓材料變成稍微凝固的奶昔狀就完成了。

Poires à l'étuvée

蒸洋梨

Étuvée 在法文是「燜煮」的意思。以白酒糖水煮洋梨為靈感。使用鑄鐵鍋做這道
甜點，糖水或白酒的水份會減少，完成後洋梨的滋味凝縮其中，成為一道絕品！

材料　洋梨 4 顆分

洋梨		4 顆
A	白酒	100㎖
	水	100㎖
	細砂糖	50g
	檸檬薄片	½ 個分
	空的香草莢（香草籽已使用）	1 根（如果有的話）
	威廉斯梨酒	2 大匙（如果有的話）
	○　以洋梨中的優良品種──威廉斯梨為原料釀造的白蘭地。	

事前準備

‧削去洋梨皮，留下頂端靠近蒂的部分。
‧將烤箱預熱至 180℃。

作法

① 把 A 的材料放入鑄鐵鍋，以中火加熱，煮至沸騰。
② 在①的鍋子裡直立排列洋梨，蓋上鍋蓋，放入 180℃的烤箱燜烤約 25 分鐘。
③ 從烤箱取出，繼續蓋著鍋蓋，待餘熱散去，再放入冰箱徹底冷卻。

洋梨湯

把蒸洋梨與糖漿調成果泥狀，作成一道水果湯。用來提味的是可可醬汁與取代麵包
丁的杏仁片。帶有香氣又酥脆的口感，是整體味覺的重點。

洋梨慕斯佐焦糖洋梨

散發燜洋梨的風味，帶有輕柔口感的慕斯，搭配滲入焦糖的洋梨。單獨吃也很美味，
不過把這兩者組合起來，就會變成華麗的甜點杯。

Velouté de poire

洋梨湯

材料　2人分

燜洋梨（參照 P61）	1 顆
燜洋梨的糖漿	50㎖
可可粉	1 大匙
細砂糖	1 小撮
牛奶	40㎖
杏仁片（烤過的）	適量

事前準備

· 製作燜洋梨（參照 P61）。將洋梨的蒂與核除去，切成約 3cm 的塊狀。

作法

① 在攪拌盆裡放入可可粉與細砂糖，迅速混合。漸漸加入少量牛奶，溶入可可粉與糖，
儘量不要讓材料出現粉塊，攪拌成柔滑的可可醬汁。

‖ 放入砂糖不是為了甜味，而是為了不讓可可粉形成粉塊而添加。

② 在另一個攪拌盆裡放入燜洋梨與糖漿，以電動攪拌棒（或手提打蛋器）打成果泥狀。

③ 將果泥盛入食器中，撒上杏仁片，淋上可可醬汁裝飾。

Mousse au poire & poires caramélisées　　　23cm 橢圓形鑄鐵鍋

洋梨慕斯佐焦糖洋梨

材料　5～6人分

[洋梨慕斯]

蒸洋梨（參照 P61）———————— 1 顆

蒸洋梨的糖漿　———— 40～50㎖

吉利丁片 ———————————— 8g

細砂糖 ————————————— 25g

鮮奶油 ———————————— 160㎖

威廉斯梨酒（參照 P61）———— 1 大匙

[焦糖洋梨]

蒸洋梨（參照 P61）———————— 1 顆

細砂糖 ————————————— 50g

鮮奶油 ————————————— 40㎖

事前準備

· 製作燜洋梨（參照 P61）。

· 以水浸泡吉利丁片。

· 攪拌盆裡放入製作洋梨慕斯用的鮮奶油，用手提打蛋器打至 8 分發的程度（提起打蛋器時，會拉起微彎的角），放入冰箱冷藏，使用前再取出。

· 將製作焦糖洋梨的洋梨取下蒂與核，切成容易入口的大小。

作法

[洋梨慕斯]

① 將燜洋梨的蒂與核去除，以電動攪拌棒（或手提打蛋器）打成果泥狀。跟燜洋梨的糖漿加起來共 200㎖。

② 在小鍋裡加入①與細砂糖，以中火加熱，如果看到鍋壁有煮沸冒泡的現象即可關火，放入吉利丁片，利用餘溫溶化混合。

③ 將②放在盛了冰水的攪拌盆裡冷卻，同時一邊攪拌，直到材料變得濃稠為止，並加入威廉斯梨酒調合。

④ 加入鮮奶油混合，倒入器皿中放進冰箱冷藏約 2 小時，使材料冷卻凝固。

[焦糖洋梨]

⑤ 在鍋子裡放入細砂糖，以中火加熱，讓糖溶化並呈焦糖色為止。加入切塊的燜洋梨，迅速地混合，讓洋梨塊沾滿焦糖。

⑥ 待洋梨塊變成淺褐色，就繞圈淋上鮮奶油，煮至變得濃稠為止。從瓦斯爐取下，倒入一容器，待餘熱散去，放入冰箱徹底冷卻。享用時，盛在④的上面。

Fruits secs au vin aromatisé

紅酒糖漬果乾

煮的過程只要 3～4 分鐘！Staub 鑄鐵鍋能讓果乾變成柔軟、風味豐富的糖煮水果。
我們只要等待放涼就好。很棒吧！

材料　5～6 人分

無花果乾	大型 6 個
黑梅乾	6 個
杏桃乾	6 個
蔓越莓乾	50g
糖漬橙皮	60g（約 2 片）
A 紅酒	350ml
水	100ml
砂糖（參照 P11）	60g
肉桂棒	1 根
八角	1 個
小荳蔻	2 粒
檸檬薄片	3 片

作法

① 在鍋裡放入 A，以中火加熱，煮沸後將所有的果乾加入。

② 再次沸騰後，蓋上鍋蓋，以中火續煮 3～4 分鐘。

③ 關火後將全部食材攪拌混合，繼續在室溫下慢慢放涼。完全冷卻後，放入冰箱冷藏。

事前準備

· 用竹籤在每種果乾上各戳幾個洞。

Crème glacée à la compote de fruits secs

果乾冰淇淋

帶有複雜香氣的糖煮水果，完全吸收了法式白乳酪的濃郁香味。食譜上果乾標示的
是合計量，所以比例可以自由調整。我很享受每次作出來都略有不同的味道。

材料　4～5人分

紅酒煮果乾（參照 P67）	140g
紅酒煮果乾的湯汁	150ml
牛奶	100ml
水飴	50g
法式白乳酪（Fromage Blanc）	150g

○　乳白色的柔軟起司。沒有起司的濃郁氣味。

事前準備

· 製作紅酒煮果乾（參照 P67），大略切塊。
擺在廚用紙巾上，先放入冰箱冷藏，使用
前再拿出來。

作法

① 在鑄鐵鍋裡放入紅酒煮果乾的湯汁與牛奶，加入水飴，以中火加熱，直到水飴全部
溶化。
② 將鑄鐵鍋放入盛了冰水的水盤，徹底冷卻。
③ 在②的鍋子裡加入法式白乳酪混合，放入冷凍庫。當麵糊從鍋緣的地方開始凝固，
就以電動攪拌棒混合整鍋食材，拌入空氣，再度放入冷凍庫。重覆這個步驟3～4
遍，待材料變得有點像稍微凝固的奶昔，加入紅酒煮果乾，以橡皮刮刀迅速地混合
全體，再度放入冷凍庫冷凍保存。

Mousse chocolat au lait avec purée de fruits secs

17cm 橢圓形鑄鐵鍋

果乾牛奶巧克力慕斯

製作巧克力慕斯,不一定非要用鑄鐵鍋製作。但是,由於 Staub 鑄鐵鍋的優異保
冷性,能讓不耐熱的巧克力慕斯維持風味。這份菜單是模仿巴黎餐廳「cocotte」
的甜點。

材料 5 ～ 6 人分

紅酒煮果乾(參照 P67)	65g
牛奶巧克力	75g
黑巧克力	35g
無鹽奶油	30g
鮮奶油	150㎖
蛋黃	2 顆
細砂糖ⓐ	20g
蛋白	1 顆
細砂糖ⓑ	15g

事前準備

· 製作紅酒煮果乾(參照 P67),以菜刀將
  果乾細切成果泥狀。
· 在攪拌盆裡放入鮮奶油,用手提打蛋器打
  至 8 分發的程度(打蛋器向上提起時,可
  以拉起微彎的尖角),放入冰箱冷藏,使
  用之前再取出。

作法

① 在攪拌盆裡放入兩種巧克力與奶油,將攪拌盆置入 50 ～ 55℃的熱水,隔水加熱使
   巧克力融化。
② 於另一個攪拌盆裡放入蛋黃與細砂糖ⓐ,用打蛋器攪拌至材料顏色變白為止。
③ 再取一個攪拌盆,放入蛋白與細砂糖ⓑ,用手提打蛋器徹底攪拌,製作成蛋白糖霜
   (打蛋器向上提起時,可以拉起尖角)。
④ 在②的攪拌盆裡放入①混合,加入紅酒煮果乾的果泥,迅速拌勻。依序加入鮮奶油、
   蛋白糖霜,混合後倒入鑄鐵鍋中,放入冰箱冷藏凝固。

〈 Staub 鑄鐵鍋的種類 〉

Staub 的鍋子（鑄鐵製）以 Pico cocotte 的名稱販售。形狀大致可分為圓形與橢圓形。圓形的直徑是偶數，橢圓形的直徑是奇數，所以光看尺寸就可以知道形狀。而且加上全系列的顏色豐富，可以選擇適合自己喜好的製品。

○尺寸

圓形：10cm、14cm、16cm、18cm、20cm、22cm、24cm
橢圓形：11cm、15cm、17cm、23cm、27cm

○顏色

黑色、石墨灰、芥末黃、石榴紅、櫻桃紅、茄紫、羅勒綠、深藍等。每年都會推出新色。

○本書使用的 Staub 鑄鐵鍋

右後方：圓形鑄鐵鍋，從下起 20cm、18cm、16cm、14cm
左後方：橢圓形鑄鐵鍋，從下起 23cm、17cm、15cm、11cm
前排自右起：20cm 圓形烤盤、10cm 圓型鑄鐵鍋（2 個）、15cm
迷你橢圓烤盤、法式鑄鐵方盅、12cm 迷你圓形烤盤

我喜歡的隔熱把手墊

使用烤箱時，由於我都用隔熱手套或廚巾等代替，所以一直以來手邊都沒有「隔熱把手墊」。某天友人送我這只可愛的小鳥隔熱把手墊，是拉脫維亞製、100% 的亞麻製品。用這只隔熱把手墊握住雙耳鍋的模樣，我覺得實在很可愛，看了就想微笑。Staub 鑄鐵鍋經常在我家餐桌登場，所以從廚房移動到餐桌時，這只隔熱把手墊特別顯得活潑。

Chapitre 03

以鑄鐵鍋當道具，
享受製作冰涼甜點的樂趣

Staub 鑄鐵鍋直接放在餐桌上，相當漂亮而且奪目。接下來將介
紹適合把整個鑄鐵鍋放在餐桌上，切開來分食，或以一人分小鑄
鐵鍋品嚐的冷點心。

熱帶水果英式鬆糕

要招待較多的客人時,只要將整個鑄鐵鍋放在餐桌正中央,打開鍋蓋,就會引起
「哇!」的歡呼聲。接下來讓大家自行舀取就好,Staub 鑄鐵鍋的保冷性與外觀的
確令人讚賞!

玫瑰色提拉米蘇

以前，我曾在外文書上看到這個名字。光是用看的就覺得陶醉。如果將莓果與
DITA 荔枝香甜酒混合，就會微微地散發出玫瑰香氣。粉紅色的雞蛋牛奶點心與鮮
紅色的莓果搭配。是道外觀及顏色都帶有少女氣息的點心。

熱帶水果英式鬆糕

材料　1 個 20cm 圓形鑄鐵鍋的分量

[卡士達奶油]

低筋麵粉	20g
玉米粉	10g
細砂糖	45g
牛奶	250㎖
蛋黃	3 顆
香草莢	1 根
無鹽奶油	25g
檸檬汁、檸檬皮屑	各 ½ 顆分
蘭姆酒	1 大匙

[糖漿（方便製作的分量）]

蜂蜜	30g
熱水	40㎖
蘭姆酒	1 大匙
檸檬汁	1 大匙

[打發鮮奶油]

鮮奶油	200㎖
細砂糖	20g

[完成]

香蕉	2 根
芒果	1 顆
鳳梨	¼ 個
手指餅乾	15 片

○　義大利皮埃蒙特（Piemonte）地區的傳統點心。由於吸水性強，適合製作英式鬆糕或提拉米蘇等，需要食材吸收液體的甜點。

事前準備

‧以刀子剖開香草莢，刮出香草籽。
‧香蕉、芒果去皮，取出果肉。鳳梨去皮及鳳梨心，縱切成 4 等分，將水果分別垂直切成 3 ㎝ 左右的塊狀。

作法

[卡士達奶油]

① 在攪拌盆裡放入低筋麵粉、玉米粉、細砂糖，用打蛋器將全部材料迅速混合，從指定分量的牛奶舀出 2、3 大匙加入。放入蛋黃攪拌後，以篩網過濾。

② 將剩下的牛奶倒入小鍋，加入香草籽，加熱直到接近沸騰為止。

③ 在②的一半裡加入①，迅速混合，再倒回②的鍋子裡。以中火加熱，同時以打蛋器不停地攪拌，直到變得濃稠為止。

④ 當材料變成柔滑的奶油狀，煮沸後開始冒泡再繼續攪拌，重覆 2、3 次後，從瓦斯爐上取下。加入奶油，利用餘溫讓奶油融化、混合。

⑤ 將小鍋放入水盤中，表面覆上保鮮膜。待餘熱散去，放入冰箱冷卻。

[糖漿]

⑥ 將蜂蜜溶入指定分量的熱水中，加入蘭姆酒跟檸檬汁，靜置冷卻。

[打發鮮奶油]

⑦ 在攪拌盆裡放入鮮奶油與細砂糖，以手提打蛋器打至 7 分發（稍微濃稠的狀態），放入冰箱冷藏，使用前再取出。

[完成]

⑧ 以一半的手指餅乾鋪滿鑄鐵鍋底，用刷子充分塗上⑥。

⑨ 在攪拌盆裡倒入⑤的卡士達醬，以打蛋器充分攪拌，一邊加入檸檬汁與檸檬皮屑、蘭姆酒，攪成柔滑的奶油狀。將一半塗在⑧上，再依序鋪上水果、剩下的手指餅乾、糖漿、卡士達醬。

⑩ 將打發鮮奶油從冰箱取出，塗在⑨上，蓋上鍋蓋放入冰箱冷藏 1～2 小時，讓鬆糕漸漸入味。

玫瑰色提拉米蘇

材料　1 個 17 cm 橢圓形鑄鐵鍋的分量

[提拉米蘇奶酪]

蛋黃	2 顆
細砂糖ⓐ	25g
馬斯卡彭起司	150g

○　義大利原產的奶油起司。

鮮奶油	70㎖
蛋白	1 顆
細砂糖ⓑ	40g

[紅色莓果的醬汁與餡料]

草莓	150g
覆盆子	150g
細砂糖	45g
DITA 荔枝香甜酒（參照 P53）	1 大匙

[完成]

蘭斯玫瑰餅乾Ⓐ	30 片

○　Biscuit rose de Reims（法文），淺桃色的餅乾，
　　作為搭配香檳的點心。如果沒有蘭斯玫瑰餅乾，
　　以 15 片手指餅乾製作也可以。

蘭斯玫瑰餅乾（裝飾用）	約 10 片

○　若是沒有，就改用適量的糖粉與草莓粉。

作法

[提拉米蘇奶酪]

① 在攪拌盆裡放入蛋黃與細砂糖ⓐ，用打蛋器攪拌到顏色變
　白。加入馬斯卡彭起司，注意不要產生粉塊，仔細地攪拌。

② 將鮮奶油用打蛋器攪拌至與①同樣的質地，加入①混合。

③ 於另一個攪拌盆裡放入蛋白與細砂糖ⓑ，用手提打蛋器打成
　蛋白糖霜（將打蛋器向上提時，會形成堅挺的尖角）。分兩
　次加入②，每次都以橡皮刮刀迅速地混合。

[紅色莓果的醬汁與餡料]

④ 將所有材料放入攪拌盆內，以橡皮刮刀攪拌混合，如果餡料
　過於濃稠，就覆上保鮮膜，將攪拌盆放入盛了熱水的水盆
　內，隔水加熱，放置 30 分鐘，使果汁滲出。

⑤ 透過鋪上廚用紙巾的濾網，將果肉與果汁分開，使它們各自
　冷卻。

[完成]

⑥ 在鑄鐵鍋裡少量鋪上③的提拉米蘇奶酪，在上面鋪上一半的
　蘭斯玫瑰餅乾，直接塗上⑤的醬汁。再鋪一層提拉米蘇奶
　酪，接著將⑤的紅色果肉平均鋪上，再排列蘭斯玫瑰餅乾。
　反覆這個步驟，最後塗上提拉米蘇奶酪，蓋上鍋蓋，放入冰
　箱冷藏 2 小時以上，使全部食材入味。

⑦ 享用前，將裝飾用的蘭斯玫瑰餅乾以粗網目篩壓成粉狀，撒
　在表面。如果手邊沒有蘭斯玫瑰餅乾，也可以撒上糖粉及草
　莓粉做為裝飾。

事前準備

· 在攪拌盆裡放入鮮奶油，以打蛋器攪拌至
　8 分發的程度（打蛋器向上提起時，可以
　拉起微彎的尖角），放入冰箱冷藏，使用
　前再取出。

· 將草莓洗乾淨，去除蒂葉，切成 4 等分。
　覆盆子對切一半。

卡薩塔

卡薩塔雖然是冰淇淋，但是不必像普通的冰淇淋或雪酪一樣，製作時必須一再攪拌，這正是它的魅力。由於必須徹底凝固，所以保冷性佳的容器正適合卡薩塔。

材料　1 個法式鑄鐵方盅的分量

蛋黃	2 顆
細砂糖	25g
蜂蜜	25g
香草莢	½ 根
瑞可塔起司	130g
鮮奶油	130㎖
核桃	20g
開心果	15g
黑巧克力（苦味）	30g
糖漬橙皮	15g
杉布卡香甜酒Ⓐ	2 大匙

○　VACCARI SAMBUCA 義大利特產的烈酒，以茴香、芫荽等原料釀造。

事前準備

· 以刀子將香草莢剖開，刮出香草籽。
· 在攪拌盆裡放入鮮奶油，以手提打蛋器打至 8 分發的程度（打蛋器往上提起時，會拉起微彎的尖角），放入冰箱冷藏，使用前再取出。
· 將堅果類放入 160℃的烤箱烤約 10 分鐘，待餘熱散去後大略切碎。
· 在法式鑄鐵方盅內鋪上烘焙紙。

作法

① 攪拌盆裡放入蛋黃、細砂糖、蜂蜜、香草籽，以手提打蛋器攪拌，直到顏色變白為止。
② 加入瑞可塔起司，用打蛋器攪拌，再加入鮮奶油徹底混合。
③ 添入堅果類、巧克力、糖漬橙皮、杉布卡香甜酒，以橡皮刮刀攪拌均勻，倒入法式鑄鐵方盅。放入冷凍庫 2 小時以上冷凍凝固。最後切片盛在餐盤上。

馬鞭草風味義式奶酪佐哈蜜瓜湯

馬鞭草是我最喜歡的香草之一，清爽的香氣充滿魅力，請一定要試試，使用新鮮的
馬鞭草。這道甜點的要訣是：哈蜜瓜湯經過冷藏之後會更美味，如果使用 Staub
鑄鐵鍋就可以放心享用。

材料　5 個 11cm迷你橢圓形鑄鐵鍋的分量

[馬鞭草風味義式奶酪]

鮮奶油	300㎖
牛奶	300㎖
吉利丁片	9g
細砂糖	65g
馬鞭草葉	約 30 片

○ 別名是檸檬馬鞭草，儘可能使用新鮮的葉片。
　如果沒有的話，就用花草茶的馬鞭草 1 大匙。

[哈蜜瓜湯]

哈蜜瓜	280g（約 ¼ 個）
糖粉	10g
檸檬汁	1 大匙
原味優格	1 大匙

事前準備

· 以水浸泡吉利丁片。

作法

[馬鞭草風味義式奶酪]

① 將鮮奶油與牛奶倒入攪拌盆裡，把馬鞭草葉適度地弄碎加
　入，蓋上保鮮膜，放入冰箱冷藏6小時到一晚，使香氣滲入。

② 在小鍋裡放入①與細砂糖，以中火加熱。沸騰後從瓦斯爐上
　移開，將吉利丁片的水分瀝去後加入，利用餘溫使吉利丁片
　溶解，調勻後以篩網過濾到攪拌盆裡。

③ 將②的攪拌盆放入盛了冰水的水盆裡，以橡皮刮刀不停地攪
　拌，讓全體溫度平均下降。待食材變得濃稠，即可倒入鑄鐵
　鍋中，放入冰箱冷藏約 2 小時，使奶酪凝固。

[哈蜜瓜湯]

④ 削去哈蜜瓜皮，把果肉與種子分開，保留少量的哈蜜瓜皮，
　準備做為裝飾。把籽與牽連的纖維放入篩網，過濾出果汁。
　在攪拌盆裡放入果肉與果汁，以手提打蛋器打成果泥狀。加
　入剩下的材料混合，放入冰箱冷藏，徹底冷卻。

⑤ 享用時淋在③的義式奶酪上，以哈蜜瓜皮裝飾。

Dolce Vita 05

用 STAUB 鑄鐵鍋做冷甜點

香草冰淇淋、優格雪酪、卡士達布丁、黑櫻桃果凍…
發揮超強保冷性，發現鑄鐵鍋的新魅力！

ストウブで冷たいお菓子

作者———柳瀨久美子
譯者———嚴可婷
總編輯——郭昕詠
責任編輯—王凱林
編輯———賴虹伶、徐昉驊、陳柔君、黃淑真、李宜珊
通路行銷—何冠龍
封面設計—霧室
排版———健呈電腦排版股份有限公司

社長———郭重興

發行人兼
出版總監—曾大福

出版者———遠足文化事業股份有限公司
地址———231 新北市新店區民權路 108-2 號 9 樓
電話———(02)2218-1417
傳真———(02)2218-1142
電郵———service@bookrep.com.tw
郵撥帳號—19504465
客服專線—0800-221-029
部落格——http://777walkers.blogspot.com/
網址———http://www.bookrep.com.tw
法律顧問—華洋法律事務所　蘇文生律師
印製———成陽印刷股份有限公司
電話———(02)2265-1491

初版一刷　西元 2016 年 5 月
Printed in Taiwan

《SUTOUBU DE TSUMETAI OKASHI 》
© Kumiko Yanase, 2014
All rights reserved.
Originally Japanese edition published by KODANSHA LTD.
Complex Chinese publishing rights arranged with KODANSHA LTD.
through AMANN CO., LTD.

國家圖書館出版品預行編目 (CIP) 資料

用 STAUB 鑄鐵鍋做冷甜點：香草冰淇淋、優格雪酪、卡
士達布丁、黑櫻桃果凍 ...... 發揮超強保冷性，發現鑄鐵鍋
的新魅力！/ 柳瀨久美子著；嚴可婷譯 . — 初版 . —
新北市：遠足文化 2016.05 ——（Dolce vita；5）譯自：
ストウブで冷たいお菓子
ISBN 978-986-92889-9-6（平裝）

1. 點心食譜

427.16   105004494